S
1553

conserver la couverture

RAPPORT

SUR

LES OBSERVATIONS FAITES EN 1894

À LA STATION ENTOMOLOGIQUE DE PARIS

PAR

M. LE Dr BROCCHI

PROFESSEUR DE ZOOLOGIE À L'INSTITUT AGRONOMIQUE, DIRECTEUR DE LA STATION

(Extrait du Bulletin du Ministère de l'Agriculture)

PARIS

IMPRIMERIE NATIONALE

M DCCC XCV

RAPPORT

SUR

LES OBSERVATIONS FAITES EN 1894

À LA STATION ENTOMOLOGIQUE DE PARIS,

PAR

M. LE DR BROCCHI,

PROFESSEUR DE ZOOLOGIE À L'INSTITUT AGRONOMIQUE, DIRECTEUR DE LA STATION.

Février 1895.

Monsieur le Ministre,

Au mois de février 1894 vous avez bien voulu décider la création d'une Station entomologique à Paris, et m'en nommer directeur.

Tout, en réalité, était à créer pour assurer le service de cette nouvelle Station. A la vérité le laboratoire de zoologie de l'Institut agronomique pouvait nous donner l'hospitalité dans une de ses deux salles, mais collections, instruments, bibliothèque devaient être trouvés et organisés. Cependant et grâce surtout, je me plais à le reconnaître, au zèle intelligent de M. le docteur Marchal, chef de travaux, il a été possible de se mettre immédiatement à l'œuvre.

Sans doute notre organisation est encore bien incomplète. C'est ainsi qu'il nous serait indispensable d'avoir à notre disposition un champ d'expériences. Ce champ servirait non seulement à suivre les diverses phases de la vie des insectes à l'étude, mais encore à observer l'action des insecticides, étude qui me semble avoir été trop négligée jusqu'ici.

Lorsque l'existence de la Station sera plus connue des agriculteurs, lorsqu'ils sauront qu'ils peuvent s'y procurer *gratuitement* tous les renseignements nécessaires sur les insectes et autres animaux nuisibles à leurs cultures, il est certain que les matériaux de travail nous arriveront en grand nombre. D'ailleurs, comme je le disais tout à l'heure, dès les premiers mois de son existence, le laboratoire a eu à étudier des questions importantes.

Je dois maintenant, Monsieur le Ministre, vous rendre compte de ces travaux en indiquant quelles sont les espèces qui se sont montrées cette année particulièrement dangereuses.

J'ai joint à ce rapport une série de dessins, réunis en une planche coloriée, figurant les insectes nuisibles dont il est ici question. En publiant ainsi chaque année les figures des insectes qui auront été les plus funestes à l'agriculture, on arrivera à constituer un recueil d'un intérêt évident.

Je crois devoir aussi remercier ici les personnes qui ont bien voulu nous aider à organiser nos collections par des dons généreux. Tels sont MM. Fallon et Perez qui nous ont donné une série de plantes ou de bois ravagés par les insectes, MM. Clément, Grouvelle, Léveillé, Nicolas, Poujade, qui ont enrichi nos vitrines d'une grande quantité d'espèces intéressantes.

I. — Insectes nuisibles aux céréales.

Parmi les insectes nuisibles aux céréales, les diptères ont fait en 1894 un tort considérable. Les cécydomies surtout ont causé de notables dégâts. Comme on le sait, les cécydomies sont des petites mouches à pattes longues et grêles, ayant les ailes plus ou moins velues; les femelles portent une longue tarière qui sert au dépôt des œufs.

Deux espèces, signalées d'ailleurs depuis longtemps comme nuisibles, ont surtout éveillé les craintes des cultivateurs.

La plus connue de ces espèces, dans notre pays du moins, est désignée sous le nom de cécydomie du blé (*Diplosis tritici*).

Cécydomie du blé (fig. 7 et 8 de la planche coloriée). — Cette petite mouche, qui n'a guère que 2 millimètres de longueur, est d'une coloration générale jaune, mais cette coloration peut varier du jaune citron au jaune orangé; les longues pattes sont jaunâtres; les mâles ont une teinte plus foncée que celle des femelles et leur abdomen porte à son extrémité un crochet copulateur, tandis que l'abdomen de la femelle est armé d'une longue tarière qui lui sert à déposer ses œufs.

C'est au moment de l'épiage des blés qu'apparaissent les insectes à l'état parfait; on les voit alors voler au coucher du soleil autour des épis, formant des essaims de moucherons jaunâtres. Après s'être accouplée, la femelle, à l'aide de sa longue tarière dépose ses œufs entre les *balles* des grains. Ces œufs, très petits, sont de couleur jaunâtre; ils ne tardent pas à éclore et alors apparaissent les larves qui, d'abord simplement jaunâtres, ne tardent pas à devenir d'un jaune orangé.

Ces larves sont *apodes*, c'est-à-dire dépourvues de pattes, et elles commencent de suite à sucer la sève, s'opposant ainsi au développement des grains.

Quand elles ont acquis tout leur développement, ces larves, qui ont alors environ 2 millimètres de longueur, se courbent en cercle, prennent pour ainsi dire leur élan, et sautent sur le sol. Là elles s'enfoncent en terre, se transforment en pupes, et deviendront insectes parfaits au mois de juin de l'année suivante.

Il faut noter cependant que les choses ne se passent pas toujours ainsi. Il arrive assez fréquemment que les larves ne sautent pas à terre, mais que restant sur la plante, elles y subissent leurs transformations. Ce fait déjà signalé a été observé cette année encore sur les envois de blé faits à la Station.

L'autre espèce dont j'ai à parler ici est connue sous le nom de *Cécydomie destructive*.

Cécydomie destructive (fig. 1 à 6). — Cette mouche est plus connue encore sous le nom de mouche de Hesse (*Hessian Fly*). Cet insecte a reçu ce nom de mouche de Hesse parce qu'une tradition, ou plutôt une sorte de légende, veut que l'espèce ait été introduite en Amérique à l'époque de la guerre de l'indépendance. Elle y serait venue avec les fourrages apportés par la cavalerie hessoise.

Quoiqu'il en soit, la cécydomie destructive présente les caractères suivants. Le thorax est d'un noir velouté, l'abdomen est rouge avec des taches noires (fig. 1); les pattes se terminent par des griffes noires; les ailes portent de petits poils qui leur donnent une apparence grisâtre.

Le mâle, qui a presque toujours 3 millimètres de longueur, offre à peu près la même coloration que la femelle, mais la tarière est ici remplacée par un crochet copulateur de couleur rouge.

Les mœurs de cette cécydomie diffèrent de celles de la précédente espèce.

En effet, la femelle de la cécydomie destructive dépose ses œufs au nombre de 80 à 100 sur les feuilles du blé, entre les nervures longitudinales (fig. 4).

Après l'éclosion de ces œufs, les larves descendent le long de la feuille et vont se fixer vers la partie inférieure de la tige, tantôt immédiatement au-dessus du collet de la plante, tantôt au-dessus de l'un des derniers nœuds du chaume. C'est là que les larves se transforment en pupes (fig. 5 et 6), décelant leur présence par le gonflement de la tige.

Mais ce n'est pas tout; les cécydomies, qui volent en septembre, déposent leurs œufs et ces œufs donnent des larves qui s'attaquent aux plants de blé nouvellement semés et les détruisent en grande partie. On peut même dire que c'est alors que les dégâts de la mouche de Hesse deviennent particulièrement graves.

La cécydomie destructive n'avait été jusqu'à présent que rarement observée dans notre pays. Malheureusement il n'en a pas été de même cette année. L'insecte nuisible a été signalé en Vendée, dans la Loire-Inférieure, la Loire, la Charente, le Gers, la Haute-Garonne et le Tarn.

Il importe d'ajouter que cette cécydomie qui, jusqu'ici, semblait ne s'attaquer qu'au blé et au seigle, est également nuisible à l'avoine.

C'est au moins ce qui semble résulter des observations faites à la station par M. le docteur Marchal, sur des avoines envoyées du Poitou. Dans une note communiquée au mois de septembre à l'Académie des sciences, M. Marchal disait ce qui suit :

« Aucune cécydomie n'ayant encore été signalée comme nuisible aux avoines, il y a lieu de penser que nous avons affaire à un nouveau parasite redoutable pour cette culture et sur lequel il importe d'attirer l'attention. Ses éclosions nous apprendront si il s'agit d'une espèce distincte ou d'un cas curieux de *dimorphisme larvaire* déterminé chez la cécydomie destructive par la plante nourricière[1]. »

L'hypothèse mise en avant par M. Marchal s'est trouvée confirmée par ses propres observations, les larves trouvées sur l'avoine se sont transformées en cécydomies destructives. Il y a donc un dimorphisme larvaire. En effet, tandis que la larve de la cécydomie destructive vivant sur le blé et le seigle porte une spatule sternale en forme de fourchette, la larve vivant sur l'avoine porte une spatule terminée par une simple pointe[2].

Les avoines attaquées et étudiées à la Station avaient été envoyées du Poitou et de la Vendée.

Les pupes étaient fixées parfois au pied même de la tige, qui était alors renflée à sa base et ne tardait pas à se dessécher; dans d'autres cas, les pupes ont été observées au niveau du premier, du deuxième et plus rarement des troisième et quatrième nœuds.

En présence des ravages causés par ces diptères, il convient de rappeler les moyens de destruction dont nous pouvons disposer, et qui peuvent se résumer ainsi :

1° Arracher et brûler sur place les chaumes attaqués. Ce moyen est surtout efficace contre les attaques de la cécydomie destructive qui, comme on l'a vu, se transforme

---

[1] Docteur Marchal. *Diptères nuisibles aux céréales.* C. R. A. S. Septembre 1894.

[2] D'après de récentes observations, M. Marchal considère l'insecte attaquant l'avoine comme une espèce nouvelle et lui donne le nom de *C. Avenæ.*

1.

en pupes sur la plante même. En ce qui concerne la cécydomie du blé, il est moins sûr parce qu'une partie des larves descendent en terre pour y subir leur transformation. Cependant on atteindra toujours, par ce procédé, une certaine quantité d'insectes nuisibles.

2° L'alternance des cultures. Lorsque ce procédé peut être appliqué, il rend certainement des services, à condition, bien entendu, de changer tout à fait la nature des plantes cultivées. Ainsi il faudra remplacer les céréales par des plantes appartenant à une toute autre famille, colza, betteraves, etc.

3° On peut aussi, mais dans une certaine mesure seulement, compter sur l'action des parasites assez nombreux qui vivent aux dépens des cécydomies et notamment sur celle de petits moucherons noirs n'ayant guère qu'un millimètre de longueur et appartenant au genre Platygartes.

Une partie des avoines envoyées du Poitou se sont montrées attaquées par un diptère déjà signalé comme nuisible aux avoines de Bohême.

C'est l'*Oscinie frit* (*Oscinia pusilla* [fig. 17 et 18]). Cette oscinie est un tout petit moucheron (1ᵐᵐ,17) de couleur entièrement noire. La larve ronge les sommités des tiges et se transforme en pupes entre les graines foliaires.

M. le docteur Marchal a également obtenu l'éclosion d'un autre diptère, le *Camarota flavitarsis* (fig. 19 et 20), qui n'avait pas encore été signalé comme nuisible dans notre pays tout au moins. Cet insecte a été trouvé sur des blés envoyés de la Haute-Garonne et du Tarn.

« Les tiges atteintes par la camarota, dit M. Marchal, sont arrêtées dans leur croissance, ne dépassent guère 30 centimètres de hauteur, et l'épi ne se développe pas. La larve observée vers le 16 juin attaque la partie terminale correspondant à l'épi en voie de développement; elle détruit aussi l'axe sur tout le parcours de haut en bas, ne laissant derrière elle que des fibres brunes dissociées. Arrivée au premier nœud supérieur ou s'arrêtant avant d'y parvenir pour se préparer à la nymphose, elle se retourne alors de façon que la mouche qui sortira par l'extrémité céphalique de la pupe ait 1 chemin libre devant elle. J'ai trouvé jusqu'à quatre ou cinq pupes dans la même tig terminale, les axes occupant l'axe même de la plante, la plupart étant placées entre les gaines foliaires plus ou moins extérieures.

« Lorsqu'il vient d'éclore, et avant même de déployer ses moignons alaires, l'insecte rampe entre les gaines foliaires pour se dégager à leur extrémité supérieure. Aussi arrive-t-il parfois que ces gaines rétractées par la dessication sont serrées contre l'axe de façon à fermer toute issue et l'insecte meurt sans avoir pu gagner l'air libre[1]. »

Cette mouche, la camarota, a 2ᵐᵐ,5 de longueur, elle est noir-bleuâtre avec l'extrémité des pattes de couleur fauve (fig. 19). La même espèce ou une espèce voisine avait déjà été signalée en Italie comme s'attaquant au blé.

Quelques exemplaires de ces petits moucherons bien connus sous le nom de *Chlorops* ont été aussi envoyés à la Station. Toutefois, ces diptères, qui se sont montrés parfois si dangereux, ne paraissaient pas avoir causé de grands dommages cette anné...

[1] Docteur Marchal. *Loc. cit.*

INSECTES NUISIBLES AUX PLANTES FOURRAGÈRES.

Les plantes fourragères ont eu cette année a souffrir des attaques d'un grand nombre d'insectes.

Nous les étudierons ici d'après l'ordre zoologique.

COLÉOPTÈRES.

La grande famille des charançons, qui compte parmi ses membres tant d'ennemis de nos cultures, est ici bien représentée.

Le *Charançon de la Livèche* (*Othiorynchus ligustici*) nous a été signalé par M. Allard, professeur d'agriculture à Dreux, comme causant dans sa région des dégats fort sérieux dans les cultures de vesce, sainfoin, etc.

Cet insecte est malheureusement bien connu; c'est lui que l'on désigne sous le nom vulgaire de *Bécarre*. On lui a souvent reproché ses attaques contre les pêchers et autres arbres fruitiers. Depuis longtemps M. Girard l'avait signalé comme détruisant les cultures de vesce.

C'est un gros charançon (11 à 14 millimètres) au corps bombé. Il est de coloration noire, mais les petites écailles grises dont il est couvert lui donnent une apparence grisâtre. La femelle dépose ses œufs en terre où ils éclosent vers le milieu de l'été. Les larves restent en terre et commencent à ronger les racines des plantes. Pendant l'hiver elles semblent s'engourdir pour se réveiller au printemps, puis les transformations s'accomplissent et les insectes parfaits apparaissent au dehors vers la fin de mai.

C'est pendant la nuit que l'Othiorynque montre une grande activité et qu'il ronge les plantes.

Moyens de destruction. — Dans les jardins et même dans les vergers, on peut procéder à la recherche de ces insectes pendant la nuit à la lueur d'une lanterne.

Mais c'est là un moyen peu praticable dans les grandes cultures. Cependant en employant les filets dont se servent les entomologistes, on pourrait, à l'aide de ces engins promenés à la surface des champs, toujours pendant la nuit, capturer une grande quantité d'insectes.

Si les dommages devenaient réellement sérieux il faudrait agir contre les larves à l'aide d'injections de sulfure de carbone dans le sol, faites avec le pal injecteur.

M. André rapporte que M. de Vergnette-Lamothe a constaté que le sulfure de carbone est un poison efficace contre les larves d'otiorynques.

Il convient d'ailleurs de rappeler que les observations de M. Aimé Girard ont montré que le sulfure de carbone avait, au point de vue de la végétation, une favorable influence. Si on pouvait obtenir le sulfure de carbone à un prix moins élevé, il est certain que l'usage de cet insecticide ne tarderait pas à se répandre.

Le *Phytonome variable*. [fig. 9 et 10] (*Hyperea variabilis*). Nom vulgaire : babotte grise. — Cet insecte s'attaque aux luzernes; il nous a été adressé du département du Pas-de-Calais (en juin) et de divers départements méridionaux (en avril, commencement de mai).

L'insecte parfait appartient à la famille des charançons. C'est un insecte de 5 à

7 millimètres de longueur sur $2^{mm}5$ ou 3 millimètres de largeur. Il est de couleur grise avec des bandes plus foncées (fig. 9). Les antennes sont coudées; ce charançon à l'état parfait ronge bien quelques feuilles, mais les dégâts qu'il commet sous cet état sont en réalité de faible importance.

Après accouplement la femelle pond ses œufs sur la tige ou le revers des feuilles. De ces œufs sortent des larves d'un vert clair (fig. 10ᵃ) avec des bandes longitudinales jaunâtres. Ces larves rongent les feuilles avec avidité et ce sont elles qui sont véritablement dangereuses. On les a confondues parfois avec les chenilles; l'absence de pattes doit suffire pour faire éviter cette erreur.

Quand elles ont acquis tout leur développement, ces larves descendent vers le collet de la plante et filent au milieu des feuilles un cocon sphérique à tissu peu serré, transparent (fig. 10ᵇ).

On a conseillé comme moyen de destruction la chaux éteinte projetée avec une pelle sur les luzernes attaquées. M. Valéry Mayet engage les cultivateurs, en cas de grande invasion, à couper de suite les luzernes[1].

Le phytonome variable est accompagné assez souvent d'un autre charançon, l'*Apion pisi*. C'est du moins ce que l'on a pu observer dans les envois faits à la Station. Cet apion s'attaque à diverses légumineuses, mais il n'avait pas encore été signalé parmi les ennemis de la luzerne.

LÉPIDOPTÈRES.

Un des insectes appartenant à cet ordre s'est montré particulièrement dangereux.

Au mois de mai dernier, le Ministère de l'agriculture était prévenu que d'innombrables légions de chenilles ravageaient les prairies du département du Nord et de quelques départements voisins. Les dégâts semblaient considérables et, par une singulière erreur, on les attribuait aux chenilles processionaires du pin! Sur ma proposition, M. Marchal fut envoyé sur les lieux et il put observer les faits suivants.

La région envahie était située sur la limite des départements du Nord et de l'Aisne. Il y avait là un foyer assez localisé embrassant quelques centaines d'hectares et correspondant à un plateau relativement élevé pour la région (190^m). Ce plateau est en partie formé par des terrains connus dans le pays sous le nom de *défrichés*, à cause des bois qui les occupaient encore assez récemment[2].

Les chenilles qui ravageaient ces terrains s'avançaient de front sous forme de cordon se déroulant sur une longueur de 80 à 100 mètres. La largeur de cette bande était en moyenne de 1 mètre à 1^m50 sans compter les nombreuses chenilles restées en arrière du gros de la troupe et celles qui plus alertes avaient pris les devants. La zone qui suivait immédiatement le front de la bande était la plus dense.

« Là, dit M. Marchal, sur une largeur de 15 à 20 centimètres, c'est un grouillement inexprimable, surtout lorsque le soleil vient exciter de ses rayons l'allure de la horde rampante. Leur nombre est alors si considérable qu'elles chevauchent souvent les unes sur les autres. En un endroit près de Nouvion (Aisne), je les ai vues amoncelées en

[1] *Progrès agricole et viticole*, 1889. Montpellier.
[2] Ces détails et ceux qui suivent sont empruntés à une note rédigée par M. Marchal et publiée dans le Bulletin de la Société entomologique (juin 1894).

ligne sur trois centimètres d'épaisseur, et des témoins différents, dont la sincérité ne saurait être mise en doute, m'ont affirmé que, quelques jours avant mon arrivée, des lignes entières présentaient pour leur zone centrale une épaisseur de 5 à 5 centimètres de chenilles superposées. »

Cette chenille fut reconnue pour celle d'une noctuelle (*Heliophobus* ou *Neuronia popularis*).

Heliophobus popularis (fig. 11 à 13). — La figure qui accompagne ce rapport me dispensera de donner une longue description de cette espèce. Je dirai seulement que le papillon de l'heliophobus est d'une coloration générale brune; les nervures des ailes supérieures sont rendues très apparentes par les écailles d'un blanc jaunâtre qui les recouvrent. Les ailes inférieures sont brunes, mais la coloration est plus foncée sur leur partie marginale. La tête, le thorax et l'abdomen sont d'un brun jaunâtre (fig. 11).

Quant à la chenille (fig. 12) elle est d'un brun bronzé, luisante, rare, et porte sur le dos trois lignes longitudinales jaune clair. Cette chenille s'enfonce dans le sol quand elle a atteint tout son développement et là elle se transforme en chrysalide de couleur rougeâtre (fig. 13).

Moyens de destruction. — Plusieurs moyens de destruction ont été employés avec succès au moment de l'invasion que je rappelais tout à l'heure. Le meilleur procédé semble être celui qui, sur les conseils de la Société d'agriculture du Nord, a été mis en usage dans les prairies de Cartignies. Il consiste à creuser, en avant (4 à 5 mètres) de la ligne d'invasion, des fossés ayant 15 à 20 centimètres de profondeur sur 15 centimètres de largeur; ces fossés doivent avoir des parois verticales.

On peut, dit M. Marchal qui a assisté à ses travaux, ébaucher ce travail à la charrue et le terminer à la bêche. Des fosses à parois verticales creusées dans la tranchée tous les cinq à six mètres et ayant environ 30 centimètres de profondeur complètent le travail. Les chenilles viennent s'entasser dans ces fosses où on peut alors facilement les détruire. Dans le Nord on a employé ces chenilles comme engrais; on en remplissait des sacs vidés ensuite dans les fosses à purin.

On a employé divers insecticides; le seul qui semble avoir donné quelques résultats est le sulfate d'ammoniaque à 10 degrés en dissolution dans le purin et employé pour arroser les prairies envahies.

On a également employé le rouleau pour écraser les chenilles, mais les résultats de ce procédé ne semblent pas avoir été satisfaisants.

Voici donc un nouvel exemple d'un insecte qui, jusqu'à présent, n'avait pas été signalé comme dangereux, qui de plus était rare dans la contrée envahie, et qui, tout à coup, à la suite de circonstances mal connues, a pris un tel développement qu'il est passé à l'état de véritable fléau. Il faut donc, lorsque l'on voit une espèce, réputée jusqu'alors comme peu dangereuse, prendre un développement inaccoutumé dans une région, se tenir sur ses gardes et préparer les moyens de défense.

Des betteraves reçues d'Annonay (Ardèche) se trouvaient rongées par de petites chenilles que M. Ragonot a reconnues pour être les larves d'un petit papillon (Microlépidoptère) désigné par les entomologistes sous le nom de *Lita ocellata*.

Ce papillon semble avoir deux générations par an. Les chenilles appartenant à la

première génération s'attaquent aux feuilles situées près du collet de la plante. Celles de la deuxième génération vivent à l'intérieur des tiges.

Je noterai en passant que quelques betteraves se sont montrées attaquées par des larves d'un diptère appartenant au genre *Anthomya*, mais que les dégâts ont eu peu d'importance.

INSECTES NUISIBLES AUX PLANTES POTAGÈRES.

Les plantes potagères ne semblent pas avoir souffert beaucoup cette année. Cependant les choux ont été attaqués par une mouche bien connue d'ailleurs, la mouche du chou (*Anthomya brassicæ*), qui pond ses œufs près du collet de la plante et dont les larves, pénétrant à l'intérieur des racines, creusent des galeries qu'elles remplissent de leurs déjections. Ces larves subissent leurs transformations à l'intérieur même de ces racines. Il faudrait avoir soin d'arracher et de détruire les racines ainsi attaquées.

Dans le département de la Vienne les artichauts ont été attaqués par un charançon l'*Apion carduorum*, mais les dégâts causés par ce petit insecte ne semblent pas avoir été bien considérables.

Les melons introduits en Tunisie ont eu à souffrir des attaques d'un insecte appartenant au groupe des coccinelles, coléoptères qui sont habituellement considérés comme carnivores et par suite comme auxiliaires de l'agriculture. Mais à toute règle il y a des exceptions. Ici l'exception est représentée par un insecte connu sous le nom suivant.

Epilachna Chrysomelina (fig. 15 et 16). — Ce coléoptère est de couleur rougeâtre, et ses élytres, couvertes d'une sorte de pubescence, portent chacune six taches noires et arrondies (fig. 15). La larve (fig. 16) est de couleur verte et présente sur diverses parties de son corps des sortes de denticulations, d'arborescences également de couleur verte.

L'insecte parfait, mais surtout la larve, ronge les feuilles de melons, et ne laisse pas que de causer des dommages assez sérieux. On n'a pu que recommander la recherche de la destruction des insectes sous leurs diverses formes.

En dehors des insectes, un ver, une anguillule (*Tylenchus putrefaciens*) a détruit quelques plantations d'oignons. Cette anguillule, étudiée par M. le Dr J. Chatin[1], est véritablement nuisible. Les oignons attaqués voient leur bulbe devenir noir, brun ou jaunâtre à leur centre.

Il faut avoir soin d'arracher les plantes ainsi attaquées et de les détruire par le feu.

INSECTES NUISIBLES AUX ARBRES FORESTIERS.

LÉPIDOPTÈRES.

Bombyx du pin. — En parlant de l'heliophobus, j'ai eu occasion de rappeler la singulière erreur qui avait fait d'abord attribuer au bombyx processionnaire du pin les dégâts commis par la noctuelle.

[1] J. Chatin. Recherches sur l'anguillule de l'oignon. Paris, 1884.

On trouverait peut-être la cause de cette erreur dans les dégâts commis sur les pins de la Champagne par une chenille n'appartenant pas à l'espèce citée plus haut, mais connue sous le nom de bombyx du pin (*Lasiocampa pini*).

Cette espèce s'est montrée particulièrement néfaste en 1894. Dans une très intéressante note publiée sur cet insecte par un ancien élève de l'Institut agronomique, M. Hickel, actuellement professeur à l'École des Barres, l'auteur attire particulièrement l'attention sur les faits suivants :

« L'invasion, dit M. Hickel, s'étend vers le nord-ouest; ce qui est grave. En effet tandis qu'au sud elle se heurte à des forêts feuillues, au nord-ouest on peut craindre qu'elle n'atteigne les pineraies de Seine-et-Marne; c'est alors la forêt de Fontainebleau avec ses immenses surfaces plantées en pins menacée, puis par le Gâtinais, où l'on reboise tant en résineux, la forêt d'Orléans et de là la Sologne [1]. »

Il y a donc lieu de surveiller cet insecte et d'agir contre lui. Je rappellerai ici les caractères principaux de cette espèce et les moyens de destruction recommandés.

Le bombyx du pin est un papillon dont l'envergure peut atteindre jusqu'à o m. o6. Sa coloration est le plus souvent d'un brun rougeâtre. Sur les ailes supérieures, on remarque une tache en demi-lune et une large bande de couleur fauve bordée par deux lignes sinueuses foncées. Les ailes inférieures sont d'un roux brun uniforme.

Au moment de sa naissance, la chenille est d'une teinte rougeâtre; lorsqu'elle a atteint toute sa croissance sa coloration est très variable; on en voit de grises, de rousses, de brunes, mais on les distingue facilement grâce à deux taches d'un bleu d'acier, que l'on voit sur le cou, et qui sont d'autant plus larges, d'autant plus visibles que les chenilles courbent davantage la tête. Ces larves sont velues et leur longueur peut atteindre 7 à 8 centimètres.

C'est ordinairement en juillet que la femelle dépose ses œufs sur l'écorce des troncs de pins. Ces œufs sont le plus souvent placés à 1 m. 3o du sol; d'abord de couleur verte ils deviennent bientôt gris. Au bout de quinze jours, un mois parfois, les chenilles apparaissent et se rendent sur les aiguilles qu'elles commencent à ronger.

En octobre, novembre, ces chenilles ont atteint la moitié de leur croissance; elles descendent alors et se réfugient au pied des arbres, sous la mousse. Au printemps suivant elles remontent sur les pins, recommencent leurs ravages jusque vers le mois de juin. C'est à cette époque qu'elles se transforment, filant des cocons d'un blanc sale et longs de 5 centimètres. Le papillon apparaît en juillet, il y a accouplement, ponte, et le cycle recommence.

Moyens de destruction. — Voici les moyens mis en usage pour combattre ce très nuisible insecte :

1° Rechercher et détruire les chenilles qui hivernent au pied des arbres. La recherche doit commencer le plus tôt possible, car pendant l'hiver la neige peut tomber avec abondance et l'opération devient alors presque impossible. Il est bon que les personnes employées à ce travail de l'écrasement des chenilles portent des gants ou du moins entourent leurs mains de linges, car les poils qui couvrent ces chenilles ont une action urticante prononcée;

[1] Hickel. Note sur quelques espèces nuisibles aux pins de la Champagne. (Feuille des J. Nat., novembre 1894.)

2° Recueillir les chenilles sur les arbres; en secouant les branches on fait assez facilement tomber les chenilles sur des toiles disposées à cet effet;

3° Creuser autour des groupes d'arbres attaqués un fossé de o m. 5o de profondeur sur o m. 5o de largeur. Les chenilles en essayant de gagner les arbres voisins tombent dans ces fossés, s'y accumulent, et il devient facile de les détruire.

COLÉOPTÈRES.

CHRYSOMÈLE DU PEUPLIER (*Lina populi*). —Nous avons reçu de diverses régions la *Lina populi* ou chrysomèle du peuplier, insecte que les cultivateurs confondent souvent avec les coccinelles. Cet insecte s'est montré nuisible aux osiers, dont il ronge les feuilles et les jeunes tiges. Je rappellerai brièvement ici que ce coléoptère est ovalaire. Il a la tête et le corselet d'un vert bleuâtre; les élytres sont rougeâtres et portent à leur extrémité une petite tache bleuâtre; la longueur de l'insecte est de 11 millimètres. La larve est blanche, sauf la tête qui est noire ainsi que la partie supérieure du premier anneau. Cette larve a six pattes noires.

Moyen de destruction. — On peut recommander de secouer, le matin de bonne heure, les arbres attaqués. On fera tomber larves et insectes parfaits qui seront recueillis sur des toiles.

INSECTES NUISIBLES AUX ARBRES FRUITIERS.

Aucun ennemi nouveau ne nous a été signalé parmi les ennemis des arbres fruitiers. Malheureusement ces arbres sont toujours attaqués par des insectes bien connus, mais contre lesquels la lutte reste difficile. Tel est par exemple le puceron lanigère, et surtout l'*anthonome du pommier*.

Cet anthonome continue ses ravages et cela parce que les cultivateurs ne se décident pas à appliquer les moyens de destruction qui leur ont été conseillés. L'administration de l'agriculture a fait imprimer et distribuer une note résumant ces moyens de destruction.

Quelques préfets, agissant en vertu de la loi de 1888, ont rendu des arrêtés concernant la destruction de l'anthonome. Malheureusement les rédacteurs de ces arrêtés ont cru pouvoir choisir parmi les moyens recommandés, et les plus importants de ces moyens ont été passés sous silence. C'est ainsi que l'on a exigé simplement le chaulage des troncs d'arbres attaqués. Ce chaulage, à lui seul, ne peut donner de résultats appréciables : les propriétaires forcés de l'appliquer verront les anthonomes continuer leurs ravages et, non sans raison, ils se plaindront d'avoir été mis dans l'obligation d'appliquer un procédé presque sans valeur.

Il est donc à désirer que les arrêtés préfectoraux visant la destruction des insectes soient d'abord soumis, comme la loi l'exige, à l'appréciation du comité technique créé par le Ministère de l'agriculture.

Telles sont, Monsieur le Ministre, les questions principales dont la nouvelle Station a eu à s'occuper cette année. Ce début, modeste sans doute, montre cependant que le laboratoire nouveau pourra rendre des services importants quand son organisation aura été complétée.

INSECTES NUISIBLES

AUX CÉRÉALES ET AUX PLANTES FOURRAGÈRES

EXPLICATION DE LA PLANCHE.

BIBLIOTHÈQUE NATIONALE
B. N.

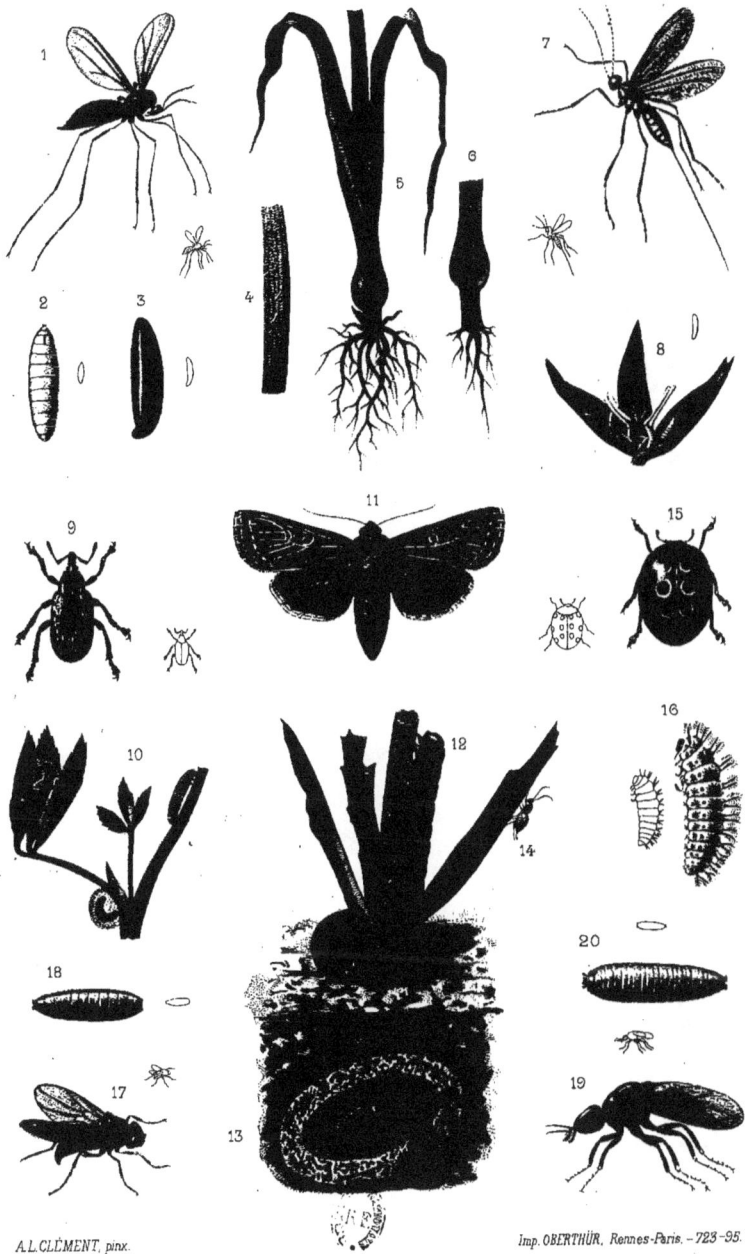

A.L. CLÉMENT, pinx.

Imp. OBERTHÜR, Rennes-Paris. – 723-95.

www.ingramcontent.com/pod-product-compliance
Lightning Source LLC
Chambersburg PA
CBHW050414210326
41520CB00020B/6588